BEI GRIN MACHT SICH IHR
WISSEN BEZAHLT

- Wir veröffentlichen Ihre Hausarbeit, Bachelor- und Masterarbeit

- Ihr eigenes eBook und Buch - weltweit in allen wichtigen Shops

- Verdienen Sie an jedem Verkauf

Jetzt bei www.GRIN.com hochladen und kostenlos publizieren

Marco Nadorp

Der Nachhaltigkeitsindikator 'Virtuelles Wasser'

GRIN Verlag

Bibliografische Information der Deutschen Nationalbibliothek:

Die Deutsche Bibliothek verzeichnet diese Publikation in der Deutschen National-
bibliografie; detaillierte bibliografische Daten sind im Internet über http://dnb.d-
nb.de/ abrufbar.

Impressum:

Copyright © 2012 GRIN Verlag GmbH
Druck und Bindung: Books on Demand GmbH, Norderstedt Germany
ISBN: 978-3-656-51806-8

Dieses Buch bei GRIN:

http://www.grin.com/de/e-book/263202/der-nachhaltigkeitsindikator-virtuelles-
wasser

GRIN - Your knowledge has value

Der GRIN Verlag publiziert seit 1998 wissenschaftliche Arbeiten von Studenten, Hochschullehrern und anderen Akademikern als eBook und gedrucktes Buch. Die Verlagswebsite www.grin.com ist die ideale Plattform zur Veröffentlichung von Hausarbeiten, Abschlussarbeiten, wissenschaftlichen Aufsätzen, Dissertationen und Fachbüchern.

Besuchen Sie uns im Internet:

http://www.grin.com/

http://www.facebook.com/grincom

http://www.twitter.com/grin_com

Institut für Geographie
Wirtschaftsgeographie, insbes. Verkehr und Logistik
„Bildung für nachhaltige Entwicklung"

Sommersemester 2012

„Der Nachhaltigkeitsindikator ‚Virtuelles Wasser'"

Name: Nadorp, Marco
Fach: LB Gesellschaftswissenschaften
Modul: M7, Fachdidaktik
Fachsemester: 4

Inhaltsverzeichnis

1. Einleitung

Der Begriff der Nachhaltigkeit existiert seit Anfang des 18. Jahrhunderts und wurde zunächst relativ einseitig auf die Forstwirtschaft bezogen. „Es sollte pro Jahr nicht mehr Holz geschlagen werden als nachwächst"[1]. Das ökonomische Interesse sollte dadurch mit den ökologischen Interessen zusammengebracht werden. Heute ist der Begriff der Nachhaltigkeit deutlich komplexer konnotiert. Die ursprüngliche Idee wurde erweitert und auf andere Sachverhalte angewandt. Der Philosoph Hans Jonas hat beispielsweise den kategorischen Imperativ Kants bezüglich der Nachhaltigkeit geändert: Du sollst so handeln, „dass die Wirkungen deiner Handlungen verträglich sind mit der Permanenz echten menschlichen Lebens auf der Erde"[2]. Die Formulierung des Imperativs zeigt, dass der Begriff „Nachhaltigkeit" deutlich allgemeiner und offener verstanden wird als in seiner ursprünglichen Bedeutung und alle Handlungen mit der Maxime abgeglichen und hinterfragt werden sollen.

Unter dem Gesichtspunkt der Verflechtung zwischen gegenwärtigem Handeln und dessen zukünftigen Auswirkungen sowohl ökologischer als auch sozialer Art werde ich in der folgenden Arbeit unter verschiedenen Perspektiven am Beispiel des ökologischen Nachhaltigkeitsindikators „Virtuelles Wasser" versuchen zu erläutern, wo diesbezüglich die Probleme unseres aktuellen Wirtschaftens liegen. Um die Relevanz der Problematik zu verdeutlichen, werde ich zunächst auf die weltweiten Wasservorräte und den Wasserbedarf beziehungsweise –verbrauch eingehen.

Auch nach fast 300 jährigem Bestehen des Begriffs der Nachhaltigkeit wissen die meisten Menschen nichts oder nicht viel über Nachhaltigkeit beziehungsweise nachhaltige Entwicklung. Da das Thema ein wichtiger Bestandteil der Generationengerechtigkeit darstellt, sollte es einen größeren Stellenwert im Bildungsprozess einnehmen. So werde ich versuchen zu erläutern, wie bereits Grundschulkinder für Nachhaltigkeit – insbesondere auf „Virtuelles Wasser" bezogen – sensibilisiert werden können. Dazu betrachte ich einen Unterrichtsvorschlag des Ministeriums für Umwelt und Naturschutz.

---

[1] Grunwald, Armin; Kopfmüller, Jürgen (2012), S.14
[2] Ebd., S. 27

2. Wasser

Die Ressource „Wasser" stellt einen zentralen Aspekt in der nachhaltigen Entwicklung dar. Wasser ist die Grundvoraussetzung für Leben und Wirtschaften, aber „Wasser ist mehr als eine Ware, es ist ein gemeinsames Gut der Menschheit, das es zu bewahren gilt".[3]

Im Folgenden werden die weltweiten Wasservorkommen und ihre unterschiedlichen Speicherformen sowie der Trinkwasserbedarf von Menschen näher beleuchtet. Als Beispiel für den Trinkwasserverbrauch eines Industrielandes wird Deutschland vorgestellt.

2.1 Wasservorkommen weltweit

Die Erde hat insgesamt ein Wasservorkommen von ca. 1.359,918 Mio. km³. In den Ozeanen sind ca. 97,2% des gesamten Wasservorkommens in Form von Salzwasser gespeichert. Die verbleibenden 2,8% Süßwasser, welche ca. 38 Mio. km³ entsprechen, verteilen sich größtenteils auf in Gletschern und Polareis gebundenem Wasser sowie auf das Grundwasser. Rechnet man den Anteil der dem Menschen zugänglichen Süßwasserquellen aus, ergibt sich ein Wert, der bei ca. 0,5% (absolut: 7,6 Mio. km³) des gesamten Wasservorkommens der Erde liegt. Dieses ist jedoch nicht gleichmäßig auf der Erde verteilt.[4]

2.2 Trinkwasserbedarf

Der Trinkwasserbedarf eines Menschen wurde unter anderem von der Weltbank bei mindestens 50 Litern pro Tag festgelegt. Länder, die diesen Mindestwert nicht einhalten können, leiden unter chronischem Wassermangel.

Es sind zumeist Länder mit hohem Bevölkerungswachstum, die unter Wassermangel leiden. Diese Entwicklung führt in einen „Circulus virtuosus", der die Wasserknappheit noch weiter verschärft. Neben einer Steigerung des direkten

---

[3] Kürschner-Pelkmann, Frank (2005), S.7
[4] Vgl. Schwister, Karl (2003), S.140

Wasserbedarfs werden mehr Nahrungsmittel benötigt, die in der Herstellung zu einer indirekten Verbrauchssteigerung von Wasser führen – einer Steigerung des virtuellen Wasserverbrauchs, der im weiteren Verlauf der Arbeit näher betrachtet wird.[5]

2.3 Wasserverbrauch in Deutschland

In Deutschland ist das Gefühl der ständigen und scheinbar unendlichen Verfügbarkeit von Trinkwasser in der Bevölkerung vorherrschend. In den letzten 20 Jahren entwickelte sich jedoch das Bewusstsein, dass Wasser als Basisressource geschont werden müsse. Dies begünstigten nicht zuletzt die stetig steigenden Wasser- bzw. Abwasserpreise. Seit 1990 mit einem täglichen Verbrauch von 147 Litern pro Person ist eine ununterbrochene Abnahme des Trinkwasserverbrauchs in Deutschland festzustellen. Diese Entwicklung ist neben der zunehmenden Sensibilisierung, Wasser zu sparen, auch durch technische Neuerungen im Haushalt möglich geworden.

Im internationalen Vergleich gehört Deutschland neben Großbritannien und Dänemark zu den wassersparsamen Industrienationen. Die Nationen mit dem höchsten Trinkwasserverbrauch pro Einwohner sind Australien mit ca. 500 Litern und die USA mit ca. 570 Litern am Tag. Das ist das 50-fache von den 10 Litern Wasser, die einem Einwohner in Mosambik am Tag zur Verfügung stehen.

Betrachten wir den durchschnittlichen Tagesverbrauch von Trinkwasser in Deutschland genauer: Im Jahr 2006 lag der Verbrauch bei 125 Litern pro Person am Tag. Den größten Anteil hat mit 45 Litern durchschnittlich das Baden bzw. Duschen gefolgt von der Toilettenspülung mit 34 Litern eingenommen. Diese beiden Bereiche deckten ca. 75% des gesamten Trinkwasserverbrauchs eines Deutschen ab. Das Kochen, Essen und Trinken nimmt dagegen mit 5 Litern eine unwesentliche Rolle ein. Soll die Entwicklung zur Schonung der Ressource „Wasser" in Deutschland weiter vorangetrieben werden, müssen die verbrauchsintensiven Bereiche Körperpflege und Toilettenspülung sparsamer werden. Insbesondere die Toilettenspülung ist für qualitativ hochwertiges Trinkwasser eine Verschwendung.[6]

Das meiste Wasser wird jedoch nicht im Haushalt, sondern in unsichtbarer Form verbraucht – dem „Virtuellen Wasser".

---

[5] Vgl. Müller, Mario (2007), S.6-7
[6] Vgl. Oelmann, Mark (2005), S.13-14

3. Der Nachhaltigkeitsindikator „Virtuelles Wasser"

„Indikatoren sollen als Werkzeuge das nachhaltige Handeln der Menschen sichtbar machen. Diese so genannten Nachhaltigkeitsindikatoren sollen ökologische, ökonomische und soziale Aspekte berücksichtigen und den Handlungsbedarf und den Fortschritt eingeleiteter Maßnahmen."[7] Ein ökologischer Nachhaltigkeitsindikator ist beispielsweise das „Virtuelle Wasser".

3.1 „Virtuelles Wasser" – Der Begriff

Der Begriff „Virtuelles Wasser" oder auch „Latentes Wasser" existiert seit Anfang der 90-er Jahre und wurde vom britischen Professor J.A. Allan geprägt. Er fällt in die Kategorie der ökologischen Indikatoren und ist eindeutig definiert: Er misst den tatsächlichen Wasserverbrauch im Erzeugungsprozess eines landwirtschaftlichen oder eines industriell hergestellten Produkts und grenzt sich vom oben beschriebenen Trinkwasserverbrauch im Haushalt ab. Jedem Produkt kann jedoch nur ein abgeschätzter Wasserverbrauch in der Produktion zugeordnet werden, da der Wasserverbrauch je nach den klimatischen Bedingungen und den technischen Möglichkeiten in der Herstellung variieren kann.[8]

In der Landwirtschaft wird der virtuelle Wasserverbrauch mithilfe des Transpirationskoeffizienten berechnet. Er misst die Produktivität der Transpiration um eine bestimmte Trockenmasse zu erzeugen. Demzufolge gibt er beispielsweise an, wie viel Liter Wasser eine Pflanze benötigt, um 1kg Trockenmasse zu produzieren. Kulturpflanzen benötigen deutlich mehr Wasser als Wildpflanzen, so sind 680 Liter Wasser nötig, um 1kg Reis zu produzieren, die Buche benötigt 170 Liter, um 1kg Trockenmasse zu produzieren.[9]

Die anhaltend steigende Nachfrage nach Tropenfrüchten in den westlichen Ländern und der hohe Kaffee- und Teekonsum haben immense Auswirkungen auf den Wasserhaushalt der Anbauländer, die ihre Produkte fast ausschließlich für den Weltmarkt produzieren.

---

[7] Stavenhagen, Petra (2006), S.11
[8] Vgl. Aschoff, Heiko (2009), S.29
[9] Vgl. Oehmichen, Jobst (1983), S.299

3.2 „Virtuelles Wasser" – Der Welthandel

Jedes hergestellte Produkt enthält virtuelles Wasser. Der stark zunehmende Welthandel führt nicht nur zu einer Steigerung des Güteraustauschs, sondern impliziert auch zwangsläufig einen Handel von „virtuellem Wasser". Importierte Güter enthalten Wasser, das das Erzeugerland aufbringen musste, analog verhält es sich bei exportierten Gütern. Aus diesen beiden Kennziffern lässt sich eine Bilanz errechnen, die angibt, wie sich das Verhältnis zwischen „eingekauftem" und „verkauftem" virtuellen Wasser beläuft.

In Anlehnung an den ökologischen Fußabdruck wurde auch der Wasserfußabdruck entwickelt. Dieser bezieht sich auf den virtuellen Wasserverbrauch und wird in Form eines externen Wasserfußabdrucks (importierte Waren) und eines internen Wasserfußabdrucks (exportierte Waren) angegeben.

Der deutsche Import „virtuellen Wassers" beträgt im Jahr ca. 106 Mrd. m³, der Export dagegen „lediglich" 71 Mrd. m³. Deutschland verbraucht demzufolge 35 Mrd. m³ Wasser weniger als es letztendlich in Form von Gütern konsumiert. Die Differenz ist insbesondere auf die Einfuhr im Anbau wasserintensiver Agrarprodukte wie Kaffee, Tee, Bananen und Baumwolle zurückzuführen, die meist in wasserarmen Ländern hergestellt werden.[10]

„Verkauft! Wasser aus Indien."[11] Diese Überschrift der Zeitung „Times of India" bringt es auf den Punkt. Indien als einer der weltgrößten Tee- und Kaffeeanbauländer ist besonders vom immensen Verbrauch „virtuellen Wassers" betroffen. Eine Tasse Tee beinhaltet durchschnittliche 136 Tassen Wasser, eine Tasse Kaffee 1100 Tassen oder umgerechnet 140 Liter – das entspricht mehr als dem Tagesverbrauch eines Deutschen an Trinkwasser (s. 2.3.). Diese Zahlen verdeutlichen die enorme Disbalance zwischen relativ wasserreichen Ländern wie Deutschland, die große Mengen an den oben beschriebenen Produkten konsumieren und den wasserarmen Ländern wie Indien, die ihre Wasservorräte zum Anbau dieser Kulturpflanzen verwenden. Der Indikator „virtuelles Wasser" macht es erst möglich, diese Disbalance in Zahlen auszudrücken. Er könnte vielleicht auch eine Hilfe sein, das aktuelle Ungleichgewicht abzuschwächen.[12]

---

[10] Vgl. Vereinigung Deutscher Gewässerschutz e.V.
[11] Kürschner-Pelkmann, Frank (2005), S.440
[12] Ebd.

3.3 „Virtuelles Wasser" – Der Indikator als Lösung der Wasserarmut?

Das Deutsche Institut für Entwicklungspolitik hat 2006 eine durch das Bundesministerium für wirtschaftliche Zusammenarbeit und Entwicklung beauftragte Studie veröffentlicht, die der Frage nachging, ob ein geregelter virtueller Wasserhandel ein realistisches Konzept darstellt, um die Wasserkrise zu bewältigen. Die Idee hinter diesem Konzept ist es, dass wasserarme Entwicklungsländer ihre Nahrungsmittel aus wasserreichen Ländern importieren und ihre eigenen Wasserressourcen in Bereichen mit höherer Wertschöpfung einsetzen. Ziel ist es, durch „räumliche Verlagerung der landwirtschaftlichen Produktion und durch eine sektorale Verlagerung des Wasserverbrauchs", Ungleichgewichte im Wasserhaushalt auszugleichen.

Die Studie kommt zu dem Ergebnis, dass ein weltweiter virtueller Wasserhandel nicht empfehlenswert sei. Er würde nur wenig positive Aspekte und wahrscheinlich eher negative Folgen mit sich bringen. Begründet wird dies dadurch, dass die Wasserknappheit kein globales, sondern ein regionales oder lokales Problem sei. Die Umsetzung des Konzepts würde zu einer Verschlechterung der Lage in den niedrig-entwickelten Ländern führen, deren Entwicklungschancen sich zumeist auf die Landwirtschaft beschränken. Eine Verlagerung der landwirtschaftlichen Produktion hätte dort zur Folge, dass viele Menschen ihre Arbeit verlören und der Staat aufgrund von Devisenknappheit kaum Nahrungsmittel importieren könne. Die Studie regt deshalb an, die von der EU zugesagte Abschaffung der Agrarsubventionen bis 2013 weltweit durchzuführen, um eine Wettbewerbs-verzerrung auf dem Weltmarkt zu verhindern und den zurzeit noch stark dominierenden Nord-Süd-Handel um einen Süd-Süd-Handel zu ergänzen. Ein regionaler virtueller Wasserhandel zwischen den wasserarmen und wasserreichen südlichen Ländern Afrikas könnte realisiert werden und würde zu einer ausbalancierten Wasserbilanz dieser Länder führen. Eine weitere Anregung der Studie ist es, sparsame Bewässerungsmethoden (z.B. Tröpfchenbewässerung) in den wasserarmen Ländern einzuführen. Damit könnte eine deutliche Abnahme des benötigten Wassers erreicht werden. Das Problem der Wasserknappheit kann nicht global, sondern nur regional durch virtuellen Wasserhandel eingedämmt werden.[13]

---

[13] Vgl. Deutsches Institut für Entwicklungspolitik (2006), S. 1-11

3.4 „Weggeworfenes Wasser"

Wie in der Einleitung beschrieben, ist der Begriff der Nachhaltigkeit sehr komplex, das impliziert auch eine hohe Komplexität des Nachhaltigkeitsindikators „Virtuelles Wasser". Wir kommen nicht nur beim Einkaufen von Kleidung oder beim direkten Verzehr von Lebensmitteln mit virtuellem Wasser in Kontakt, sondern jedes Mal, wenn etwas weggeworfen wird.

Jährlich wird ungefähr ein Drittel aller produzierten Nahrungsmittel vernichtet. Das entspricht 1,3 Mrd. Tonnen, dabei ist das Verhältnis zwischen Industrie- und Entwicklungsländern ausgeglichen. In Europa werden jedes Jahr pro Einwohner 95 Kilogramm Lebensmittel von den Verbrauchern und 186 Kilogramm in der Produktion vernichtet. Es lässt sich nur erahnen, wie viele Liter „virtuellen Wassers" in unseren Breiten „weggeworfen" werden.

In den Erzeugerländern der Lebensmittel zeigt sich ein anderes Bild. Die Verbraucher in Afrika vernichten durchschnittlich 6 Kilogramm Lebensmittel im Jahr, die Produktion 161 Kilogramm. Diese Lebensmittelverluste sind zum einen auf Verluste nach der Ernte durch falsche Lagerung oder Verpackung, zum anderen auch durch die Ausrichtung der Landwirtschaft auf den nördlichen Teil der Erde zu erklären. Vom Verbraucher optisch nicht ansprechende Produkte werden vor Ort aussortiert und vernichtet, obwohl sie in der Region dringend gebraucht würden. Ähnlich sieht die Situation in Südamerika und Südostasien aus.

Um virtuelles Wasser zu sparen, muss sich die Einstellung der Verbraucher ändern. Übertriebene Vorsicht beim Mindesthaltbarkeitsdatum und das Einkaufen viel zu großer Mengen kann und muss jeder Verbraucher von sich aus ändern.[14]

In den letzten Monaten traf das Thema in der Öffentlichkeit auf reges Interesse. Bundesverbraucherministerin, Ilse Aigner: „Wir leben in einer Überfluss- und Wegwerfgesellschaft. [...] Jeder von uns kann seinen Beitrag leisten, die Verschwendung wertvoller Ressourcen zu stoppen."[15] Die neue Informationskampagne „Zu gut für die Tonne" des Bundesministeriums für Ernährung, Landwirtschaft und Verbraucherschutz zielt darauf ab, die Menschen bezüglich des richtigen Einkaufens und der korrekten Lagerung von Lebensmitteln zu beraten.

---

[14] Stadt Wien
[15] Bundesministerium für Ernährung, Landwirtschaft und Verbraucherschutz

4. „Virtuelles Wasser" als Unterrichtsbeispiel

Der Kernlehrplan für das Fach Sachunterricht sieht im Kompetenzbereich „Natur und Leben" vor, dass die Schülerinnen und Schüler (SuS) am Ende der Schuleingangsphase unter anderem die Bedeutung von Wasser beschreiben können. Bis Ende der 4. Klasse sollen die SuS in der Lage sein, Veränderungen in der Natur und Entwicklungsphasen wie z.b. den Wasserkreislauf darstellen und eigene Versuche planen und durchführen zu können.[16] Da das Thema Nachhaltigkeit im Lehrplan keinen konkreten Platz einnimmt, ist es sinnvoll, den Nachhaltigkeitsindikator „virtuelles Wasser" in die Themenreihe „Wasser" zu integrieren.

Als Vorlage einer ausgearbeiteten Unterrichtsreihe nehme ich das Arbeitsheft „Wasser ist Leben" (s. Anhang), das vom Bundesministerium für Umwelt, Naturschutz und Reaktorsicherheit herausgegeben wurde. Es greift die Inhalte des Lehrplans für den Sachunterricht der 3. und 4. Klasse auf und dient den Lehrerinnen und Lehrern (LuL) als Unterstützung. Das Arbeitsheft ist so ausgerichtet, dass die SuS zusammenarbeiten und durch interdisziplinäre Verknüpfungen Kompetenzen erwerben, die Teil der Bildung für nachhaltige Entwicklung sind: vorausschauendes Denken und Handeln.

Im Folgenden stelle ich einige Arbeitsblätter (AB) des Arbeitshefts vor:

AB 1: „Meldungen aus der Presse"
Zunächst werden die SuS an die Bedeutung von Wasser für die Existenz von Leben herangeführt. Dazu sind verschiedene Zeitungsausschnitte mit aktuellen Untersuchungen über Wasservorkommen auf dem Mars zu lesen.

AB 4: „Das Wasser auf der Erde"
Die in 2.1 beschriebenen Wasservorkommen werden hier durch einen 10 Liter Eimer verdeutlicht. LuL könnten einen Eimer und die anderen benötigten Utensilien - drei Teelöffel für das Grundwasser und eine kleine Schüssel mit Eiswürfeln für das Süßwasser, das in Gletschern und Polen gespeichert ist - mitbringen, um den SuS die Relationen visuell besser verdeutlichen zu können.

---

[16] Ministerium für Schule und Weiterbildung des Landes Nordrhein-Westfalen (2009)

AB 13: „Wie viel Wasser verbrauche ich?"

Dieses Arbeitsblatt zeigt den SuS, wo im Haushalt wie viel Wasser verbraucht wird. In der Aufgabenstellung sollen sie ihren persönlichen Wasserverbrauch einschätzen und überlegen, wie man wertvolles Trinkwasser einsparen kann.

AB 14: „Sauberes Wasser für alle?"

Der Kontrast der Lebensverhältnisse zwischen wasserarmen und wasserreichen Ländern wird anhand von jeweils einem Kind aus Deutschland und Nigeria deutlich gemacht. Die SuS können sich emotional mit dem Mädchen aus Nigeria identifizieren.

AB 15: „Was hat Wasser damit zu tun?"

Die SuS sollen aus dem Bauch heraus entscheiden, ob die dargestellten Produkte (z.b. Bananen, Collegeblock und Gameboy) „verstecktes Wasser" enthalten. Als Ergänzung wäre der Einsatz eines Videos gut geeignet, das den Wasserverbrauch eines Hamburgers grundschulgerecht aufschlüsselt und die SuS vermutlich erstaunen wird. (URL: http://www.youtube.com/watch?v=mDmK93eCL2w)

In meinen Augen ist das Arbeitsheft eine sehr gelungene Zusammenstellung von aufeinander aufbauenden Arbeitsblättern des Bundesministeriums für Umwelt und Naturschutz. Es ist nach den Richtlinien des Lehrplans ausgerichtet und bietet vielseitige Möglichkeiten, Experimente und eigene Untersuchungen von SuS durchführen zu lassen.

Schwerpunktmäßig beziehen sich die Arbeitsblätter auf die Lebensnotwendigkeit von Wasser. Dieser Bereich wird aus vielen Perspektiven und unter verschiedenen Gesichtspunkten behandelt. Ein Lernerfolg kann hier gut gelingen, da die SuS emotional angesprochen werden (s. AB 14).

Mit dem neuen Hintergrundwissen um die Bedeutung sauberen Wassers wird anschließend der Nachhaltigkeitsindikator „virtuelles Wasser" grundschulgerecht erarbeitet, wobei der konkrete Fachbegriff „virtuelles Wasser" oder „verstecktes Wasser" nicht deutlich herausgearbeitet wird. Ich würde das Arbeitsblatt um einen Punkt ergänzen. Die SuS sollen einschätzen, ob kein, wenig oder viel Wasser in den dargestellten Erzeugnissen steckt. Zusammenfassend kann ich sagen, dass ich große Teile dieses Arbeitsheftes hervorragend für die Grundschule einschätze und auch für die Themenreihe nutzen würde.

5. Resümee

Die vorliegende Ausarbeitung macht die Komplexität des Themas Nachhaltigkeit deutlich, die sich auch auf die Nachhaltigkeitsindikatoren übertragen lässt. Um die Bedeutung der Problematik „virtuellen Wassers" erfassen zu können, ist es notwendig, die Relevanz des Verteilungsproblems von Trinkwasser verinnerlicht zu haben.

Der Nachhaltigkeitsindikator „virtuelles Wasser" ermöglicht es nicht, den exakten Wasserverbrauch eines Produkts festzustellen. Dieser Punkt wurde insbesondere im Seminar zur Bildung für nachhaltige Entwicklung kritisiert. Es ist jedoch unmöglich und auch nicht der Anspruch, den das „virtuelle Wasser" erfüllen soll. Er dient lediglich dazu, einen groben Richtwert zu geben, der unbequeme Wahrheiten über unser Konsumverhalten aufdecken kann. Wir importieren exorbitant hohe Mengen an virtuellem Wasser, die sich auf ca. 106 Mrd. m³ im Jahr belaufen. Gründe liegen insbesondere in unseren veränderten Ess- und Trinkgewohnheiten. Der Fleischkonsum hat sich in den letzten Jahrzehnten vervielfacht und steigt tendenziell weiter.

Das vorgestellte Unterrichtsbeispiel des Ministeriums für Umwelt, Naturschutz und Reaktorsicherheit beinhaltet die wichtigsten Inhalte der Hausarbeit und stellt sie gelungen dar. Negativ zu bewerten ist es, dass der Kernlehrplan für das Fach Sachunterricht in Grundschulen keine konkreten Vorgaben für das Thema „Nachhaltigkeit" festschreibt. Einige nicht für den Sachunterricht ausgebildete LuL wissen selbst nicht um die Notwendigkeit der Bildung für nachhaltige Entwicklung (BNE) und gehen dementsprechend nicht stark genug auf Bereiche wie Nachhaltigkeitsindikatoren in ihrem Unterricht ein. In meinen Augen sollte jedoch frühestmöglich mit der BNE begonnen werden, idealerweise bereits im Kindergarten. Grundschulkinder der dritten und vierten Klassen sind in der Lage, auch komplexe BNE-Inhalte, zu begreifen. Der Vortrag von Frau Dr. Angela Lüttke – Koordinatorin für Offene Ganztagsgrundschulen bei Netzwerk e.V. in Köln – machte zwar deutlich, dass die meisten LuL und BetreuerInnen im Ganztag durch Erziehungsmaßnahmen unbewusst BNE betreiben, doch wegen der Relevanz und Zukunft dieses Erziehungsziels sollten die LuL in der Grundschule mit Nachhaltigkeitsthemen vertraut sein.

6. Literaturverzeichnis

(1) Aschoff, Heiko (2009): Bis zum letzten Tropfen. Wasser - das Investment der Zukunft. 1. Auflage. München: FinanzBuch Verlag.

(2) Bundesministerium für Ernährung, Landwirtschaft und Verbraucherschutz
URL: http://www.bmelv.de/SharedDocs/Pressemitteilungen/2012/66-AI-LMStudie.html
(letzte Einsicht: 10.08.2012)

(3) Deutsches Institut für Entwicklungspolitik (2006): Virtueller Wasserhandel – Ein realistisches Konzept zur Lösung der Wasserkrise?, Bonn

(4) Grunwald, Armin; Kopfmüller, Jürgen (2012): Nachhaltigkeit. 2., aktualisierte Aufl. Frankfurt am Main

(5) Kürschner-Pelkmann, Frank (2005): Das Wasser-Buch. Kultur - Religion - Gesellschaft - Wirtschaft. Frankfurt am Main: Lembeck.

(6) Ministerium für Schule und Weiterbildung des Landes Nordrhein-Westfalen (2009)
URL: http://www.standardsicherung.schulministerium.nrw.de/lehrplaene/lehrplaenegs/sachunterricht/lehrplan-sachunterricht/kompetenzen/kompetenzen.html (letzte Einsicht: 10.08.2012)

(7) Müller, Mario (2007): Das globale Problem der Trinkwasserknappheit und das Beispiel der Megastadt Bangkok. München: GRIN Verlag.

(8) Oehmichen, Jobst (1983): Pflanzenproduktion. Berlin: Parey.

(9) Oelmann, Mark (2005): Zur Neuausrichtung der Preis- und Qualitätsregulierung in der deutschen Wasserwirtschaft. Köln: Kölner Wiss.-Verl.

(10) Stavenhagen, Petra (2006) - Zentrum für Qualitätssicherung in Studium und Weiterbildung, Universität Rostock Zentrum
URL: http://www.ikzm-oder.de/download.php?fileid=3096 (letzte Einsicht: 10.08.2012)

(11) Schwister, Karl (2003): Taschenbuch der Umwelttechnik. Mit 59 Tabellen. München [u.a.]: Fachbuchverl. Leipzig im Carl-Hanser Verl.

(12) Stadt Wien
URL: http://www.wien.gv.at/umweltschutz/abfall/lebensmittel/fakten.html (letzte Einsicht: 10.08.2012)

(13) Vereinigung Deutscher Gewässerschutz e.V.
URL: http://www.virtuelles-wasser.de/wasserfussabdruck_weltkarte.html (letzte Einsicht: 10.08.2012)

7. Erklärung zur Eigenständigkeit der Arbeit

Hiermit erkläre ich, dass ich die vorliegende Arbeit selbstständig und ohne fremde Hilfe verfasst und keine anderen als im Literaturverzeichnis angegebene Hilfsmittel verwendet habe.

Insbesondere versichere ich, dass ich alle wörtlichen und sinngemäßen Übernahmen aus anderen Werken als solche kenntlich gemacht habe.

_____

Ort, Datum   *Unterschrift*

8. Anhang

(1) Arbeitsheft „Wasser ist Leben"

    – Bundesministerium für Umwelt, Naturschutz und Reaktorsicherheit